庄婧 著　大橘子 绘

九州出版社
JIUZHOUPRESS

图书在版编目（CIP）数据

这就是天气．3，这就是雪 / 庄婧著 ；大橘子绘
．-- 北京 ：九州出版社，2021.1
ISBN 978-7-5108-9712-2

Ⅰ．①这… Ⅱ．①庄… ②大… Ⅲ．①天气一普及读
物 Ⅳ．① P44-49

中国版本图书馆 CIP 数据核字（2020）第 207925 号

目录

什么是雪

大家好，我是雪。

目前已经发现的雪花的形状大约有两万多种，但几乎没有任何两片雪花是一样的。

零下 15℃左右的气温里可以看到形态最完美的雪花。

我最钟爱六边形，其他常见的还有恒星状、棱柱状、针状等。

作为一种美丽的晶体聚合体，我凌乱的表面能反射所有光线，这使我的外表看起来洁白无瑕。

雪是如何形成的

成千上万的水滴蒸发上升，形成云朵。

云朵中温度足够低时，
水滴会变成冰晶和雪晶。

微小的雪晶互相碰并、粘合、勾连在一起，形成聚合体。
温度和湿度的差异造就了雪花的千姿百态。

絮状的雪花就这样诞生了。在下落的过程中，要保证雪花在融化前顺利到达地面，不仅需要高空温度足够低，还需要地面有低温配合。

雪的测量

气象站把收集到的雪花融化成水，计算成降雪量。

在一天（24 小时）之内，如果落下的雪水为 2.5 毫米以下记为小雪，2.5~5 毫米记为中雪，5~10 毫米为大雪，10~20 毫米为暴雪，20 毫米以上为大暴雪，30 毫米以上为特大暴雪。

人们对雪更直观的认识则是积雪深度。积雪深度通常用厘米来表示。

正常情况下，1 毫米的降雪通常对应 0.8 厘米左右的积雪。当雪花干燥蓬松时，则可以形成 1 厘米左右的积雪。

5cm
4cm
3cm
2cm
1cm

一片雪花的重量大致在 0.2~0.5 克。
0.4g

当积雪越积越深，覆盖树木、屋顶、道路时，力量不可小觑，甚至有千钧之力。

加油站
可以压折树木，也可以压垮建筑物屋顶，甚至能把建筑物压塌，如加油站等。

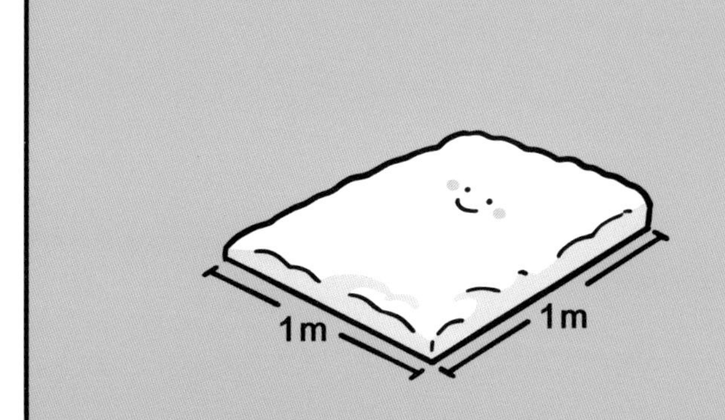

1 毫米的降雪量形成 1 厘米左右的积雪深度，单位面积 1 平方米，重量可达 1 公斤。

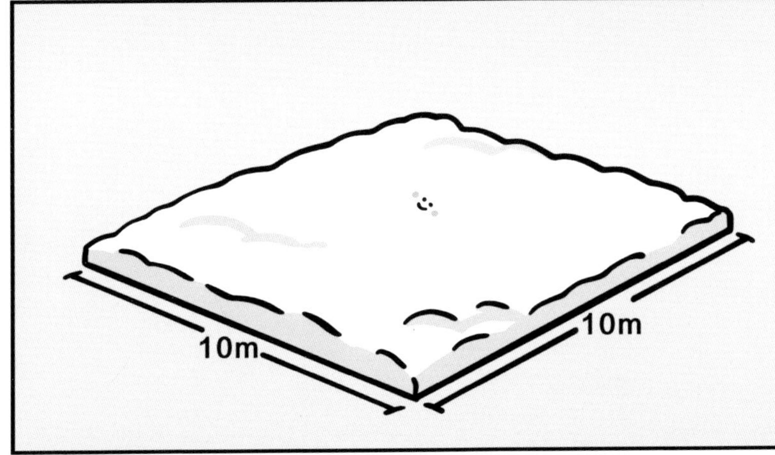

所以一场 10 毫米的暴雪过后，在积雪 10 厘米的情况下，100 平方米的面积上承受的重量大概为 1 吨。

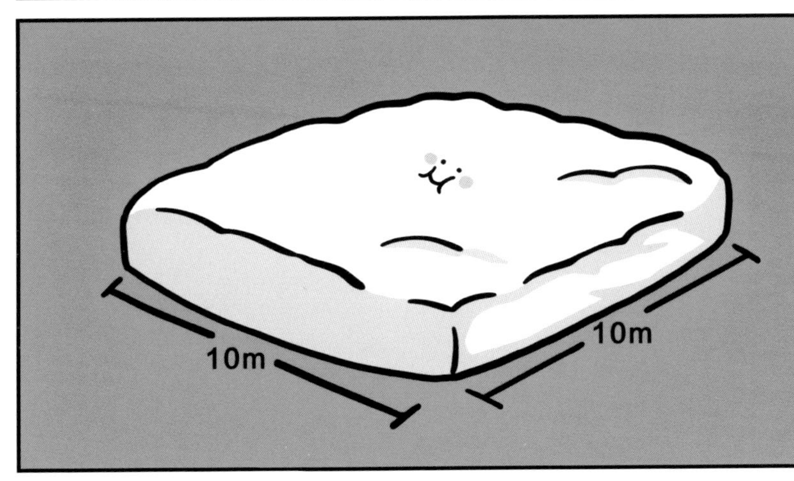

所以想象一下，积雪 0.5~1 米时，这样的积雪会有 5~10 吨这么重！

受海拔和气温等多方面因素的影响，我国积雪最深的区域主要在青藏高原及东北、新疆北部等地。

年内积雪量最大可达 30 厘米以上，甚至接近 1 米。

我国西藏的聂拉木，一到冬天很容易出现较深的积雪，历史纪录中的最大积雪深度达 2.3 米——姚明跳进去，嗖就不见了。

我国的省会级城市里，积雪最深纪录的前三甲分别是石家庄的 55 厘米、南京的 51 厘米和乌鲁木齐的 50 厘米。
石家庄
南京
乌鲁木齐

城市里出现深达半米的积雪时，会没过成年人的膝盖和部分大腿。

加油站、农贸市场、板房、树木都可能被压垮，交通基本瘫痪。

干雪与湿雪

根据雪花含水量的不同，有干雪和湿雪之分。干雪几乎无水，手攥不成团；而湿雪含水量大，落在衣服上会是湿的。

湿雪更容易捏成团，适合打雪仗和堆雪人，孩子们最喜欢。

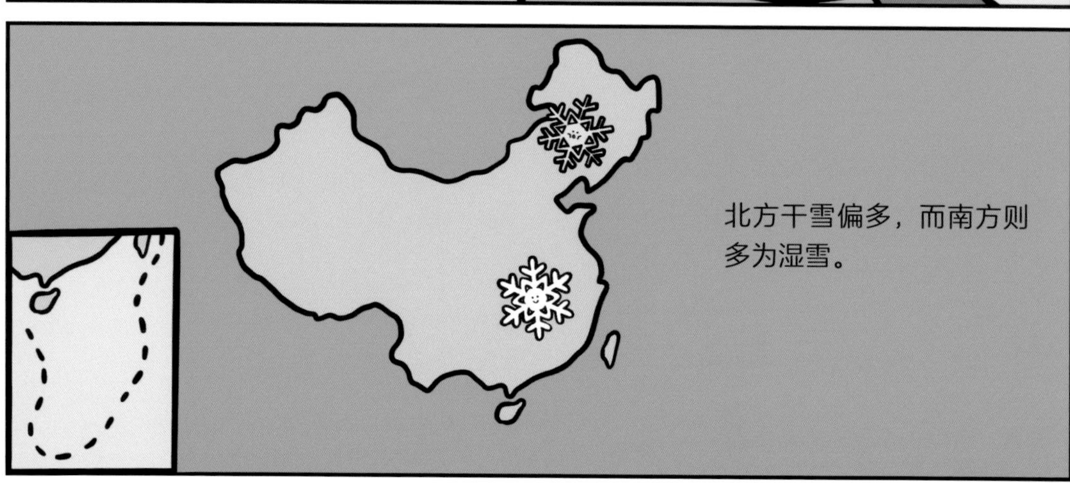

北方干雪偏多，而南方则多为湿雪。

干雪容易被风吹起，配合大风，可以形成风吹雪。

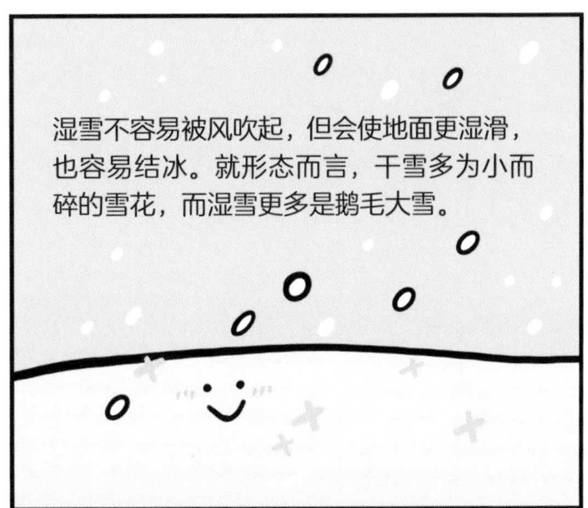
湿雪不容易被风吹起，但会使地面更湿滑，也容易结冰。就形态而言，干雪多为小而碎的雪花，而湿雪更多是鹅毛大雪。

干雪很蓬松，所以积雪深度更深，而湿雪积得要浅一点。

由于湿雪含水量较高，重量更大，更容易压垮农业大棚等设施。

不过干雪在滑雪场会更受欢迎，因为湿雪容易沾在滑雪板上，阻力更大，滑感较差。

雪的好处和危害

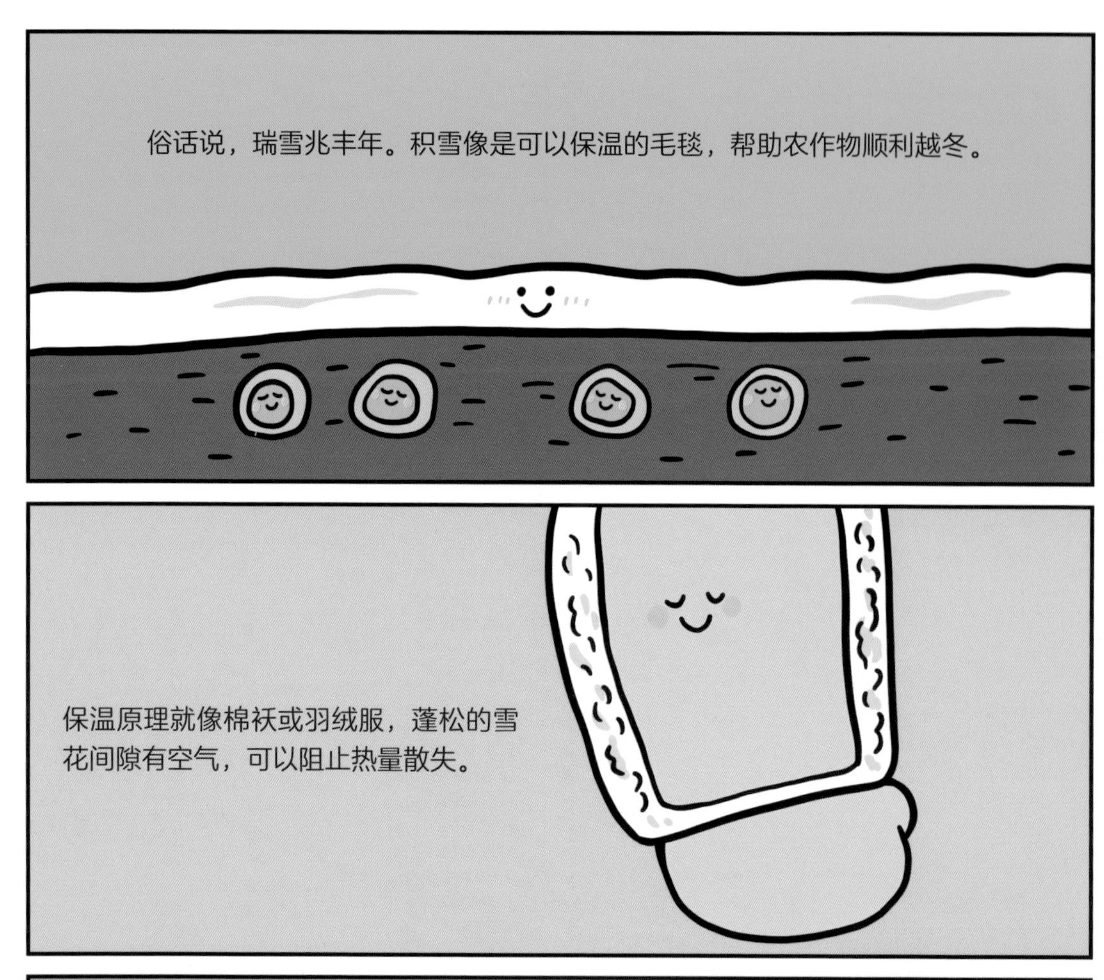
俗话说，瑞雪兆丰年。积雪像是可以保温的毛毯，帮助农作物顺利越冬。
保温原理就像棉袄或羽绒服，蓬松的雪花间隙有空气，可以阻止热量散失。

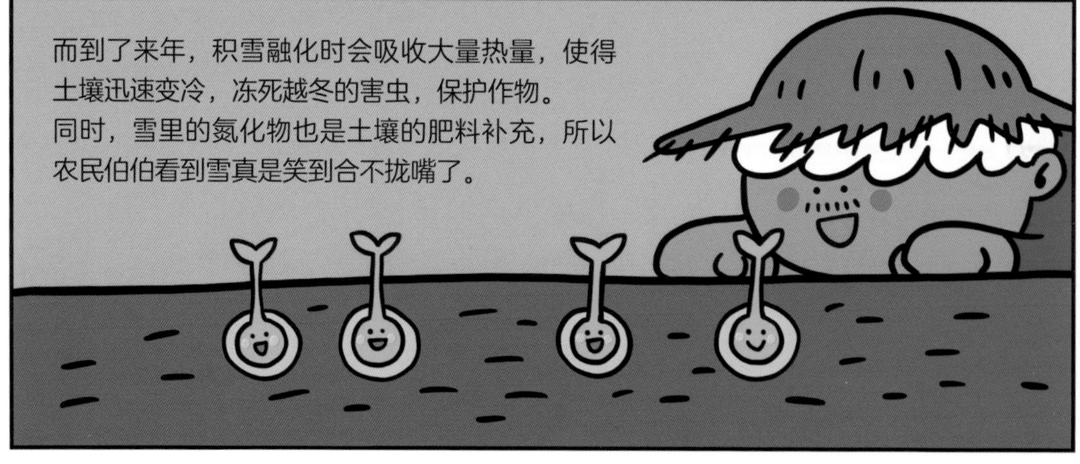
而到了来年，积雪融化时会吸收大量热量，使得土壤迅速变冷，冻死越冬的害虫，保护作物。
同时，雪里的氮化物也是土壤的肥料补充，所以农民伯伯看到雪真是笑到合不拢嘴了。

这就是天气

温度

雪

雨

风

气旋

湿度

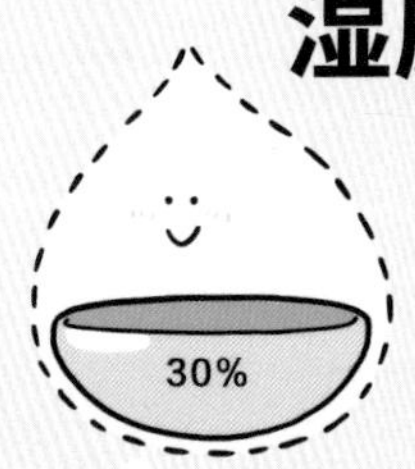

霜

强对流

光照

雾霾

这就是天气

可是城市里的积雪除了是美景，有时也会制造很多麻烦。降雪、积雪导致道路湿滑、路面结冰，从而导致车辆打滑、行人摔倒甚至摔伤。

积雪深于 5 厘米时，车辆无法正常行驶，必须减速。
啊！

积雪深于 10 厘米时，车辆行驶有点吃力了。

积雪深于 20 厘米时，有些道路就得封闭了。

融雪

出现积雪后，要及时进行融雪。以前人们用工业盐来化雪，消除积雪。但是融雪效果不完美，而且对路面有腐蚀。

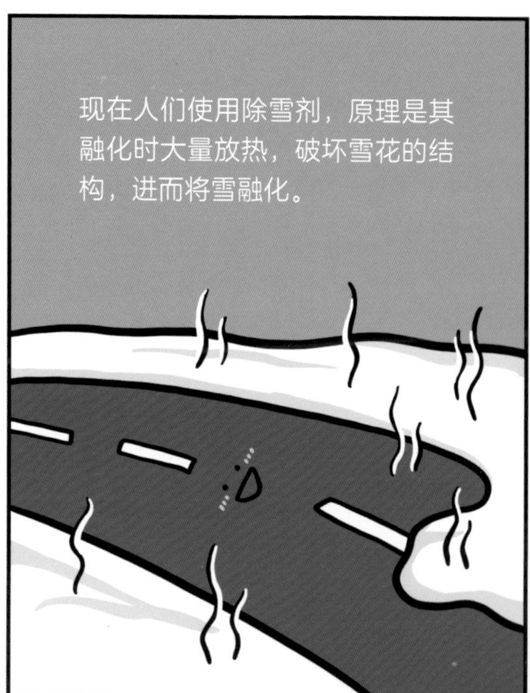

初雪

最让人兴奋的就是每年的第一场雪。10月，南方还是秋天，北方多地比如青海、内蒙古、黑龙江、吉林已经开始看到初雪了。

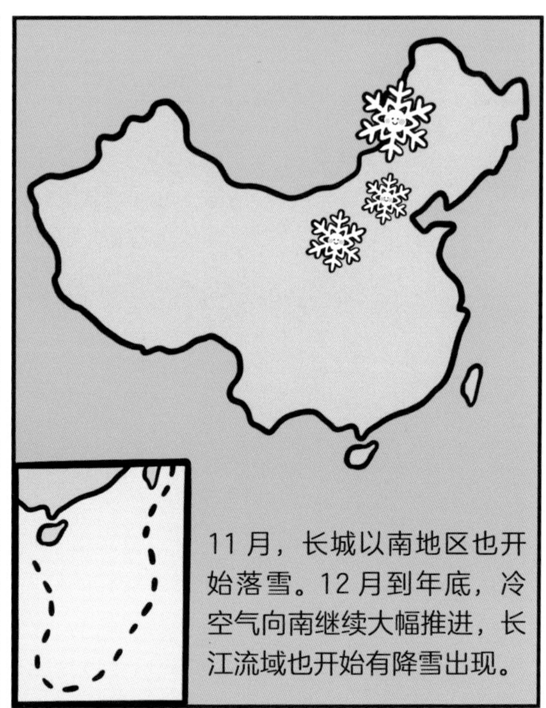
11 月，长城以南地区也开始落雪。12 月到年底，冷空气向南继续大幅推进，长江流域也开始有降雪出现。

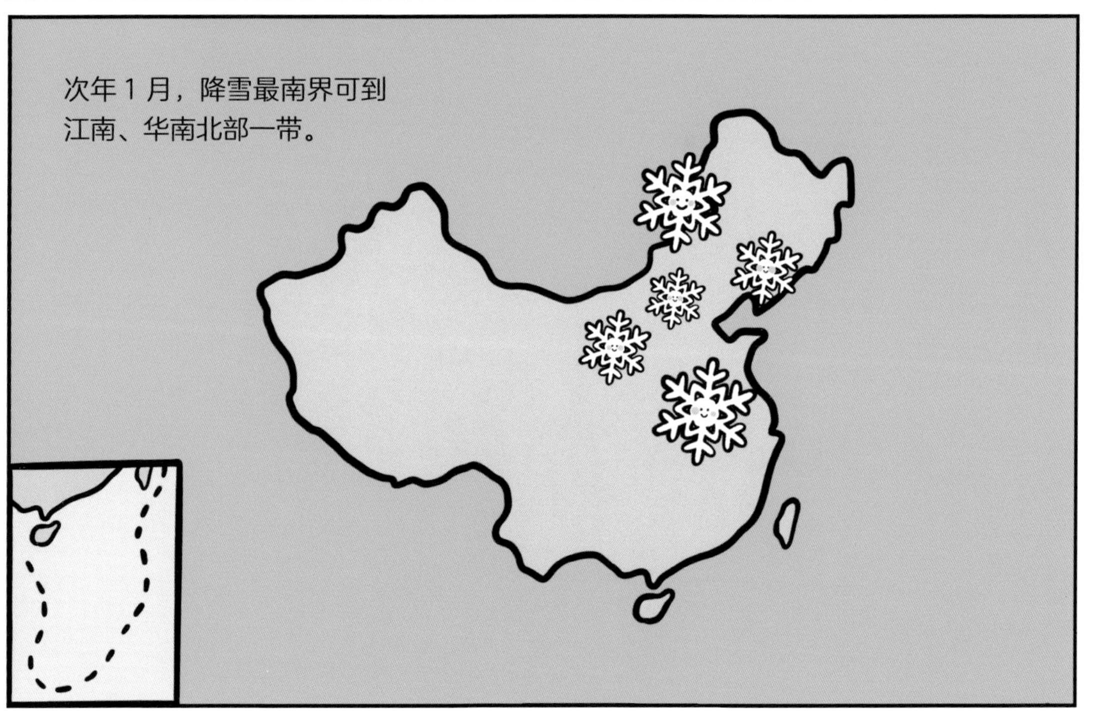
次年 1 月，降雪最南界可到江南、华南北部一带。

初雪出现的日期并无规律可言。有些年很早，有些年很晚，有时甚至次年才来。
像北京，最早的初雪是 10 月 31 日，出现在 1987 年冬季。

最晚的初雪是在 1983 年的冬季，一直到 1984 年的 2 月 11 日才出现。
??

北京最强的初雪是在 2012 年的 11 月 3~4 日，初雪即暴雪。

最疯狂的初雪，是在 2003 年的 11 月 6~7 日，一边打雷一边下雪。

雪的分布

冬季，一些地方的降雪从不爽约。不难发现，排名靠前的城市都集中在北方。

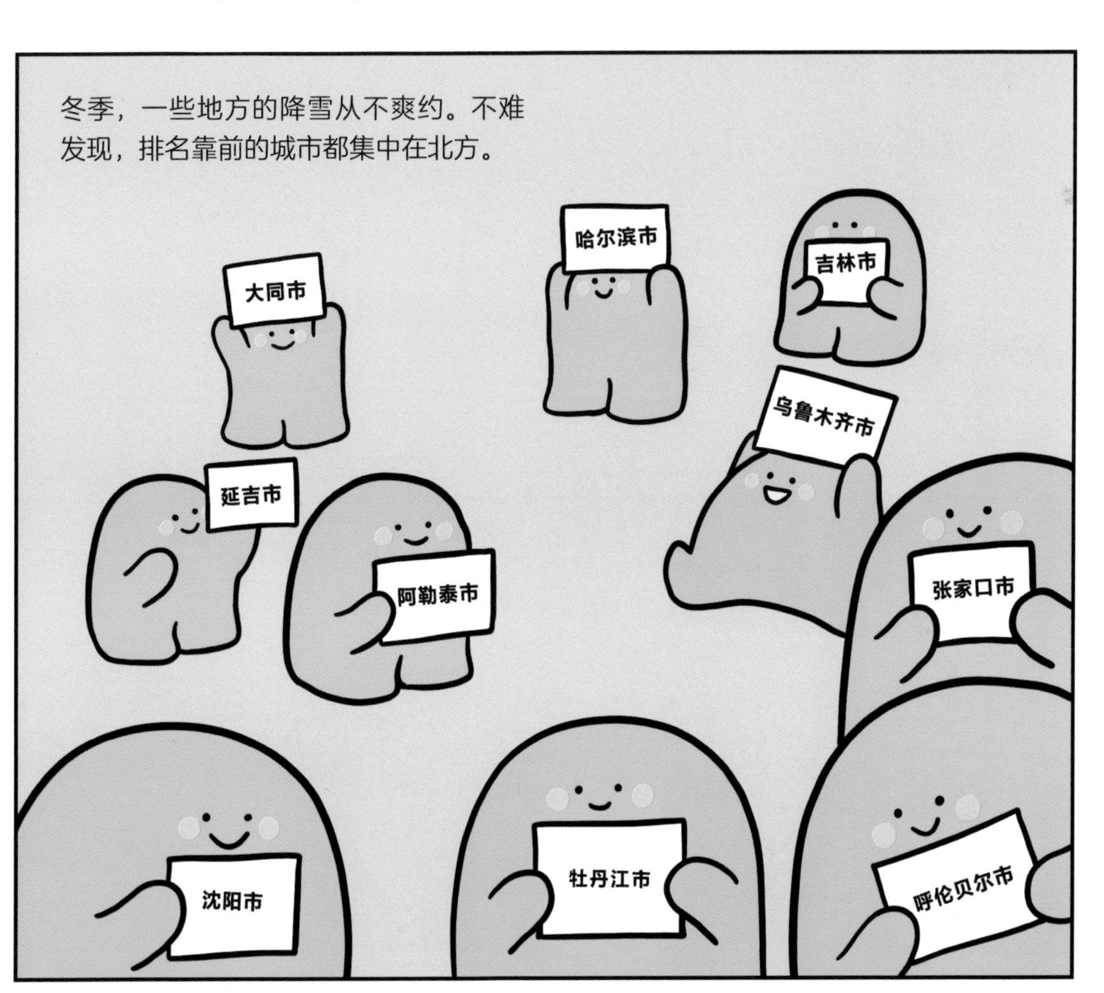

牡丹江，最著名的雪乡双峰林场就在这里，平均积雪量为 2 米，降雪时间长达 7 个月。

在华南沿海及台湾、海南等地，雪花可能做不到年年来，少则几年，多则几十年甚至上百年才能见到雪花。

快看啊！是雪！！

海南

台湾

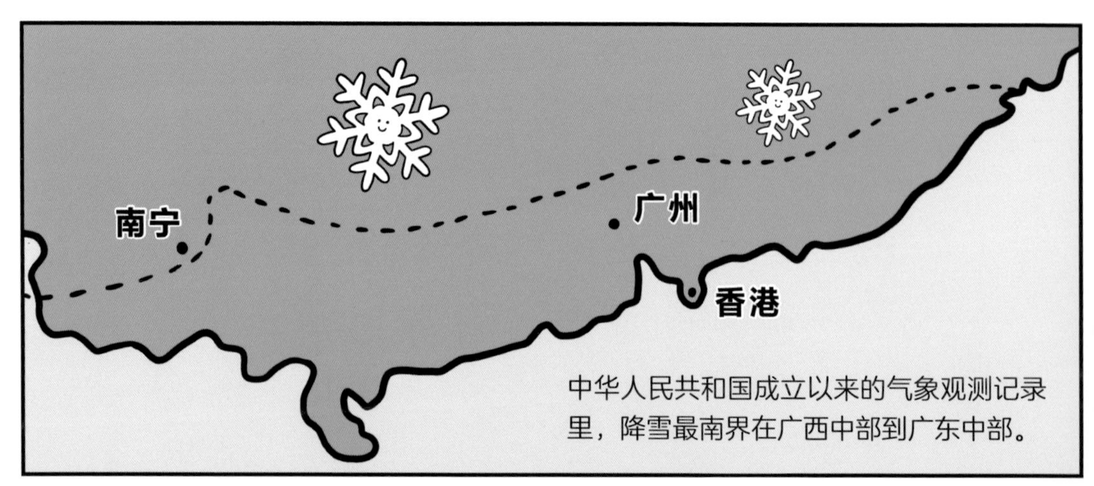
南宁
广州
香港
中华人民共和国成立以来的气象观测记录里，降雪最南界在广西中部到广东中部。

2016 年初的世纪寒潮期间，雪线一度冲到了华南沿海，广州也下了雪。

古话有“粤犬吠雪”的说法，足见广东中南部雪之罕见。

古代记载中，也偶见海南下雪的记录。

最近的一次下雪记录已经
120 多年前的清朝光绪年
间了。

南宋早期，福州荔枝曾因大雪
严寒而绝收。总之，雪花在华
南还是稀罕物，得见一次少则
几年，多则几十年甚至上百年。

在我国北方，尤其是华北等地，从历年降雪日数统计来看，整体呈现出减少的趋势。
北方的冬季，人们越来越期盼降雪，尤其是每年的初雪，都会引起人们极大的关注。

而在南方，长江流域多地的雪似乎变得越来越多，特别是在冬末到初春，有时雪还会下得很大。

湖泊降雪效应

冬季时，湖泊表面的温度要高于周边的陆地，有的湖泊在冬季甚至不结冰。
寒冷气团经过温暖的湖面时，遇到下层上升的暖湿气流，气团下部温度升高，水汽增多，气团变湿润。

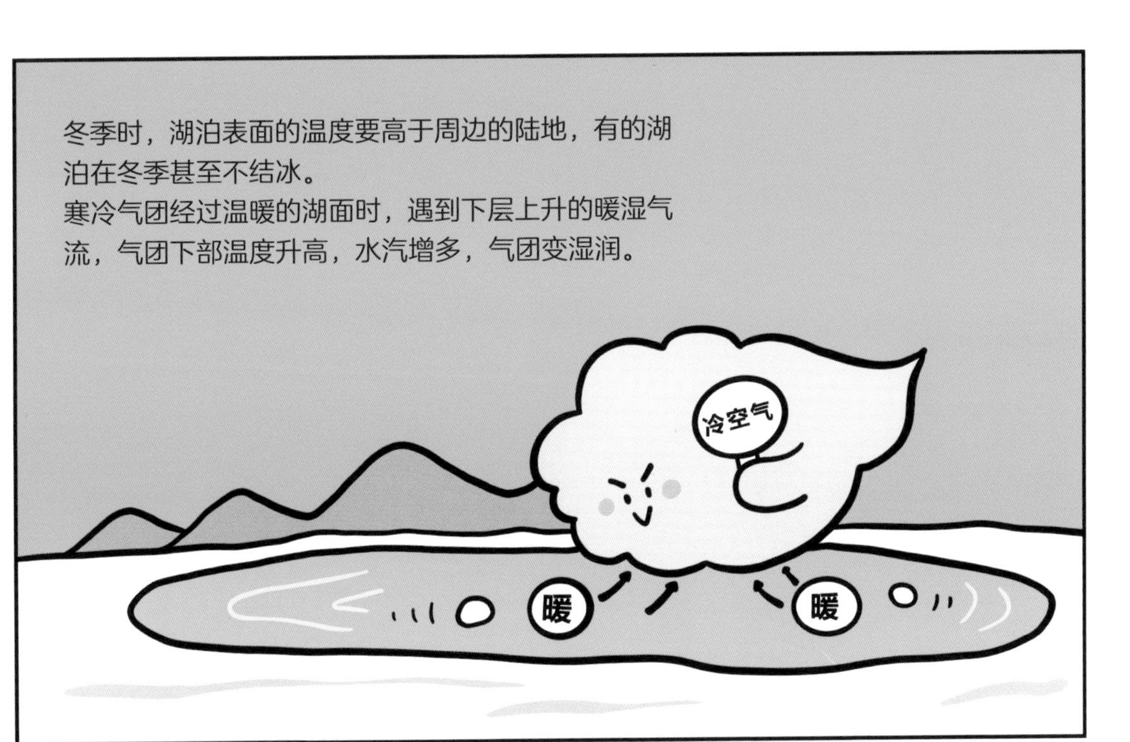

暖湿水汽上升时，凝结释放能量，大气变得不稳定。
云形成了，然后继续向前进，再次来到寒冷的陆地上空。
来自湖面的暖湿空气与寒冷的气团在岸边相遇，云层加厚，产生了降雪。

神奇的太阳雪

冬天，有时候会出现一种神奇的天气现象，一边出着太阳一边下着雪——这就是“太阳雪”。
高强冷空气
主要是由于冷空气和暖湿空气交汇形成降雪，同时高层云没有遮住太阳，此时阳光从云的缝隙中斜射出来啦。
暖
湿

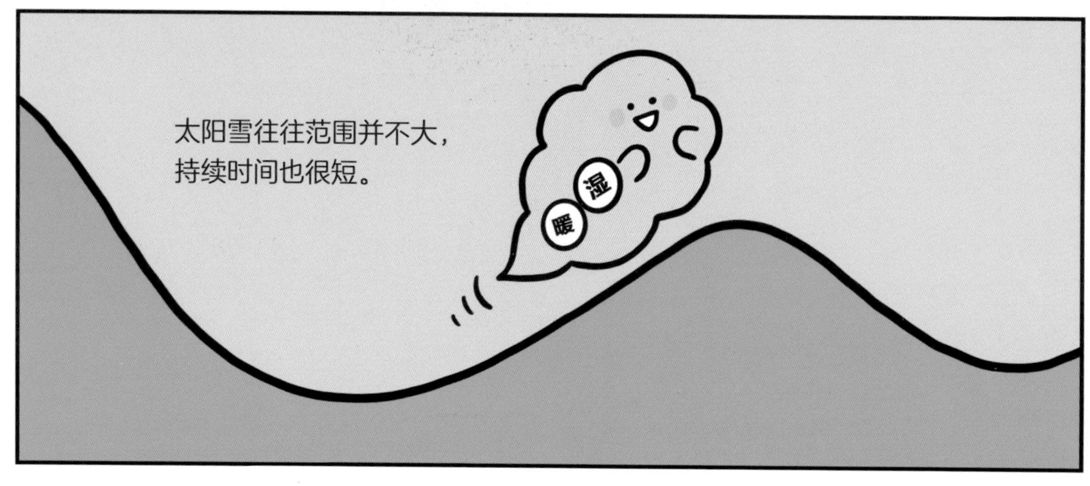

太阳雪往往范围并不大，持续时间也很短。
湿
暖

暴风雪

伴随有强降温和大风的强降雪天气过程，被称作暴风雪。水平能见度有时会低于 1 千米。

暴风雪发生时，由于大风会把地上的积雪扬起来，使得能见度明显降低，这种现象被称作“风吹雪”。

在新疆北部和东北中北部这些冬季降雪和积雪都比较明显的区域，风吹雪较为常见。
新疆
北部
东北
中北部

暴风雪是极为危险的，由于视野受限，加上无法判断雪深，人或动物都容易受伤甚至丧生。
厚厚的积雪会影响交通出行，清除积雪也是很费劲的工作。

暴风雪更容易发生在初冬、冬末或者春季。赶上暴风雪时，最好找地方躲避，直到暴风雪结束，并不时清理积雪，以免被掩埋。

雪暴和雪崩

强烈的暴风雪有时也被称作雪暴，发生时常伴有强烈的风暴系统发展。
北极是易发生雪暴的区域。除此之外，加拿大、美国、英国等地也时有雪暴发生。
雪暴常见于冬、春季。
1976 年的冬季，美国东北部遭遇多次雪暴袭击，纽约州最深积雪超过 10 米，可以淹没两层高的楼房。

覆盖在山体上的大片平稳光洁的雪团突然发生崩塌移动，并且移动越来越快，破坏力有增无减，这时雪崩就发生了。
最容易发生雪崩的坡度为 30~40 度。

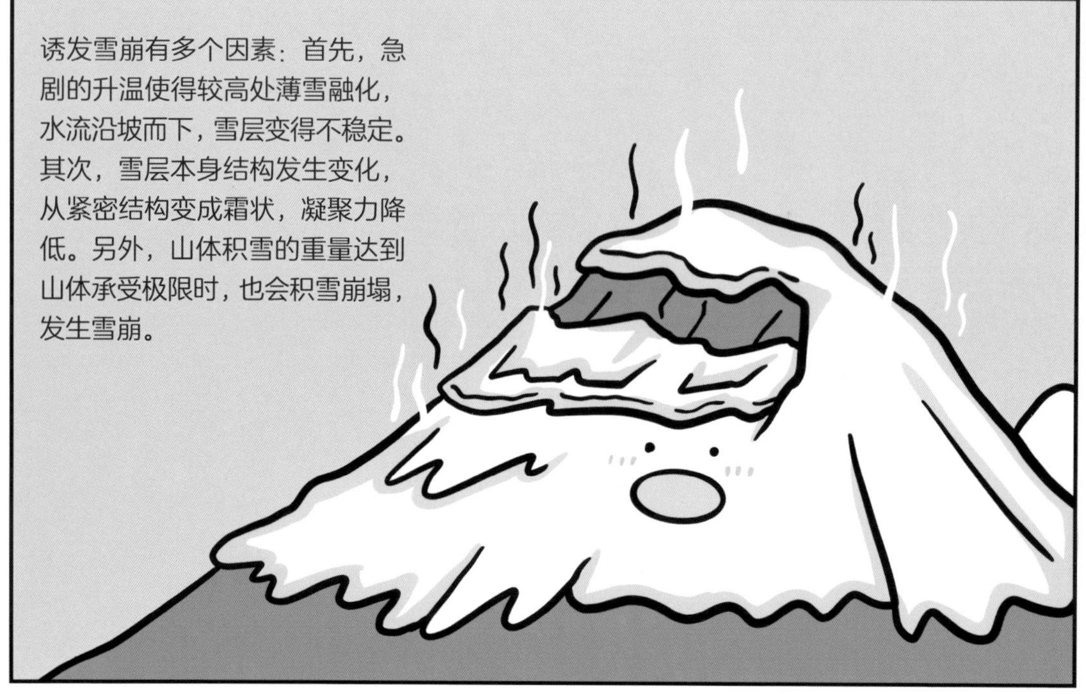
诱发雪崩有多个因素：首先，急剧的升温使得较高处薄雪融化，水流沿坡而下，雪层变得不稳定。其次，雪层本身结构发生变化，从紧密结构变成霜状，凝聚力降低。另外，山体积雪的重量达到山体承受极限时，也会积雪崩塌，发生雪崩。

词汇表

雪：从混合云中降落到地面的雪花形态的固体水。由大量白色不透明的冰晶（雪晶）和其聚合物（雪团）组成的降水。雪是水在空中凝结再落下的自然现象。

降雪量：是从天空中降落到地面上的固态水，未经蒸发、渗透、流失，融化后在水平面上积聚的水层深度，以毫米为单位，用雨量筒来测定。一般采用 24 小时降雪量标准。

积雪深度：从积雪表面到地面的垂直深度，会随着积雪的加深不断累积变化。通常，降雪量与积雪深度可以按照 1:10 的比例进行换算。不过，这个比例并不固定，受到干湿程度和环境气温共同影响。

暴风雪：伴随有强降温和大风的强降雪天气过程，被称作暴风雪。水平能见度有时会低于 1 千米。在冬天，当云中的温度变得很低时，云中的小水滴发生结冻。当这些结冻的小水滴撞到其他的小水滴时，这些小水滴就变成了雪。当它们变成雪之后，它们会继续与其他小水滴或雪相撞。当这些雪变得太大时，它们就会往下落。大多数雪是无害的，但当风速达到每小时 56 千米，温度降到零下 5°C以下，并有大量的雪时，就会形成雪暴。

风吹雪：一种由气流挟带起分散的雪粒在近地面运行的多相流天气现象，又称风雪流，简称吹雪，俗称白毛风。

雪崩：当山坡积雪内部的内聚力抗拒不了它所受到的重力拉引时，便向下滑动，引起大量雪体崩塌，人们把这种自然现象称作雪崩。